“异宠”有话说

我不是宠物

Exotic Animals

王彬 著　　三乖 绘

科学顾问　陆冠亚　禹海鑫

中国海洋出版社有限公司

图书在版编目（CIP）数据

我不是宠物："异宠"有话说 / 王彬著；三乖绘．—北京：中国海关出版社有限公司，2024.3

ISBN 978-7-5175-0771-0

Ⅰ.①我… Ⅱ.①王… ②三… Ⅲ.①外来入侵动物—防治—普及读物
Ⅳ.① S44-49

中国国家版本馆 CIP 数据核字（2024）第 061441 号

我不是宠物："异宠"有话说

WO BU SHI CHONGWU："YICHONG" YOUHUASHUO

作　　者：王　彬
插图作者：三　乖
策划编辑：孙　暘
责任编辑：孙　暘
责任印制：赵　宇
出版发行：中国海关出版社有限公司
社　　址：北京市朝阳区东四环南路甲 1 号　　邮政编码：100023
网　　址：www.hgcbs.com.cn
编 辑 部：01065194242-7535（电话）　01065194231（传真）
发 行 部：01065194221/4227/4238/4246（电话）　01065194233（传真）
社办书店：01065195616（电话）　01065195127（传真）
www.customskb.com/book（网址）
印　　刷：北京华联印刷有限公司　　经　　销：新华书店
开　　本：889mm×1194mm　1/32
印　　张：3.75　　字　　数：60 千字
版　　次：2024 年 3 月第 1 版
印　　次：2024 年 3 月第 1 次印刷
书　　号：ISBN 978-7-5175-0771-0
定　　价：68.00 元

前　言

近年来，选择养宠物的家庭越来越多。猫狗等传统伴侣动物，确实给不少家庭带来了欢声笑语与陪伴。但也有些人开始不满足于传统伴侣动物，转而饲养另类宠物，也就是“异宠”。

大如狐、貂、鳄鱼，小如蚂蚁、甲虫、蛙，等等，都可称作“异宠”，其家族庞大，横跨海陆空。

以下是市面上常见的一些“异宠”家族成员：
哺乳类：蜂猴，蜜袋鼯，豹猫，巨松鼠，雪狐……
昆虫类：兰花螳螂，蓝鸟翼凤蝶，扁锹甲……
鸟　类：云雀，猎隼，非洲灰鹦鹉，蒙古百灵……
爬行类：绿鬣蜥，巨人守宫，巴西龟，黄金蟒，苏卡达陆龟……
两栖类：墨西哥钝口螈，牛蛙，角蛙，箭毒蛙……
鱼　类：鳄雀鳝，巨骨舌鱼，清道夫，食人鲳，食蚊鱼……

可是很多人不知道的是，目前市面上的“异宠”，很多都是被抓来当作宠物观赏的野生动物，或者是野生种源短期人工繁育的后代。和猫狗等传统宠物相比，这类“异宠”的驯化史很短，甚至根本没有经过驯化。它们可能不仅不能为饲主带来笑声，还会让饲主感染疾病，甚至触犯法律，而由此引发的生物安全、公共卫生安全、野生动物保护等问题，更值得我们关注！

《我不是宠物："异宠"有话说》这本书选取了海关在进出境动植物检疫过程中检出的17种"异宠"作为范例。它们中有的是我国国家保护野生动物，有的被列入《濒危野生动植物种国际贸易公约》（CITES），还有的是对环境破坏力很强的外来入侵物种。

全书站在"异宠"的视角，由它们来讲述自己的习性特点，辅以相关科学知识和法律法规，希望借此可以提高大家对野生动物保护、生物安全、公共卫生安全等的认知，加强对外来入侵物种的防范意识，明确"异宠"并不是宠物。

维护国家生物安全、保护动物和维持生态平衡是我们每个人的责任。"异宠"最好的归宿，是它们熟悉的家园，而不是人类家庭中的某个角落。我们应该尊重动物的天性，保护它们的栖息地，让它们能够自由自在地生活。

也许，人们应该静下心来，去认识因得"宠"而被"困"的"异宠"们真实的自我。

目 录

森林是我真正的家

蜂猴

萌萌的“用毒”高手

我是谁 WHO AM I

中文名：

蜂猴

拉丁名：

Nycticebus bengalensis

英文名：

Bengal Slow Loris

分类：

哺乳纲灵长目懒猴科蜂猴属

国内主要分布范围：

云南、广西等

我个头不大，尾巴短，长着一对尖尖的小耳朵，还有两个大大的“黑眼圈”，看起来萌萌的，但我可是唯一会用毒的灵长目动物！

有时候，你看到我慢吞吞地举起前肢，可不是我在跟其他动物问好哦，而是我有可能遇到了危险，准备“用毒”。

我的手肘内侧有腺体。当我举起前肢，来回舔左右侧的腺体的时候，腺体分泌物会与我的唾液充分混合，组合形成一种剧毒的蛋白。

这时如果被我咬伤，轻则伤口剧痛，严重的可能会直接休克。

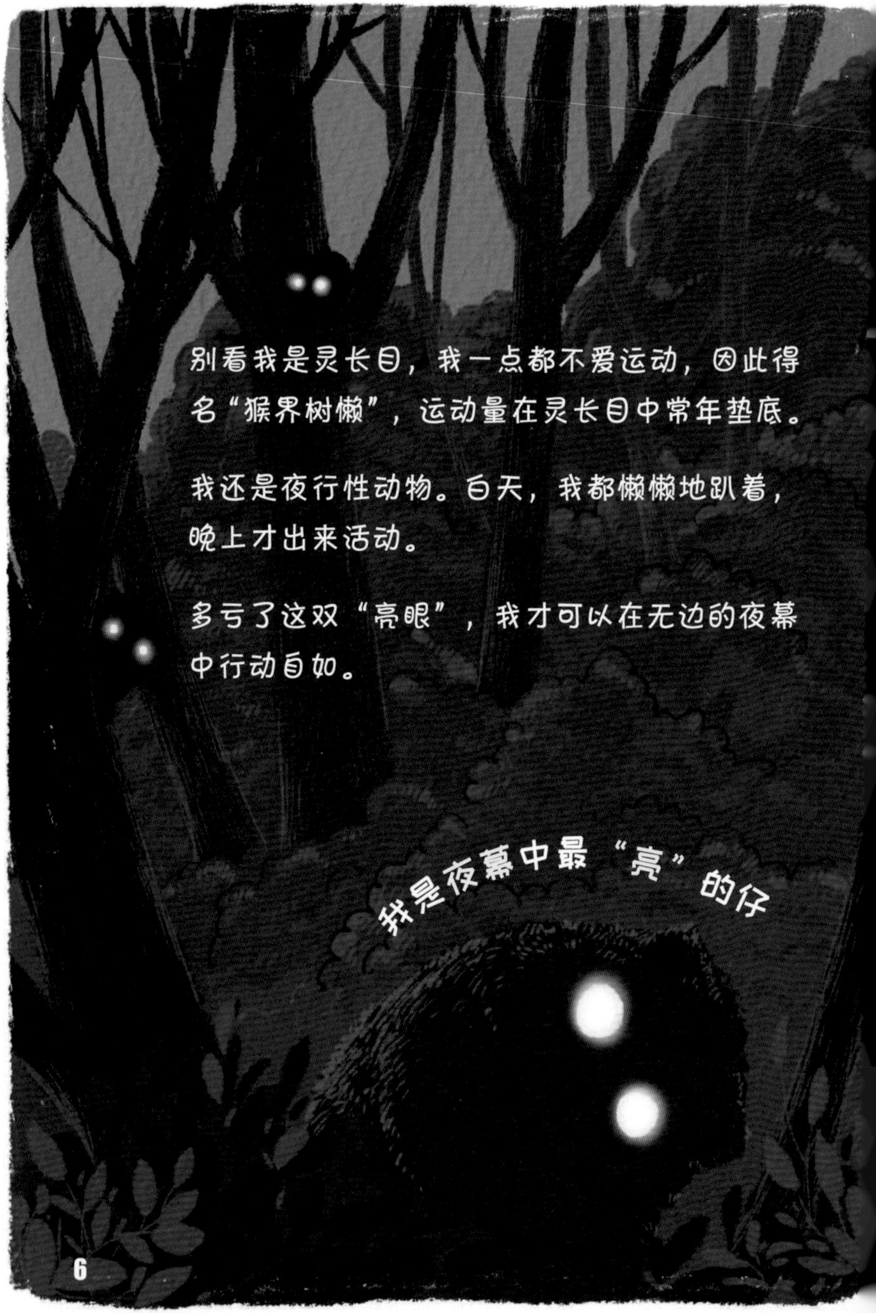

别看我是灵长目，我一点都不爱运动，因此得名“猴界树懒”，运动量在灵长目中常年垫底。

我还是夜行性动物。白天，我都懒懒地趴着，晚上才出来活动。

多亏了这双“亮眼”，我才可以在无边的夜幕中行动自如。

我是夜幕中最“亮”的仔

延伸阅读

为什么不可以把蜂猴当宠物饲养呢？

蜂猴是国家一级保护野生动物。按照国家规定，未获得相关部门的许可，私自饲养国家保护动物属于违法行为。

而且，和猫狗这类传统伴侣动物不同，人类对蜂猴等“异宠”没有足够长的驯化史和科学系统的驯养知识。它们不仅很难融入人类家庭，还可能传播各种疫病。

不熟悉蜂猴行为的“饲主”，不仅可能被它们毒伤，还可能被来源不明的蜂猴传染疾病。

巨松鼠

树上飞来一只“狗”？

我是谁 WHO AM I

中文名：

巨松鼠

拉丁名：

Ratufa bicolor

英文名：

Black Great Squirrel

分类：

哺乳纲啮齿目松鼠科巨松鼠属

国内主要分布范围：

云南、广西、海南等

我是全世界最大的松鼠，体长可超过1米，光是那条大尾巴就占了体长的近一半，可以说是松鼠界的“巨无霸”。和其他松鼠相比，我的长相更偏向于犬类，因此也有人叫我“树狗”。

不过，可别被我硕大的身形吓到哦。人家是“金刚芭比”。

在我庞大身躯里的，是和其他小松鼠一样可爱、温顺的性格。

我体型巨大，在树林间会特别“显眼”，还好有一身保护色。遇到天敌时，矫健的身姿和天生的“迷彩服”外套，能帮助我迅速“隐身”。

说到矫健的身姿，就不得不展现一下我的跳跃能力。2米开外的大树，我也只需轻松一跃。

延伸阅读

巨松鼠已被列入《国家重点保护野生动物名录》，是国家二级保护野生动物。

根据《中华人民共和国野生动物保护法》，禁止猎捕、杀害国家重点保护野生动物。因科学研究、种群调控、疫源疫病监测或者其他特殊情况，需要猎捕国家一级保护野生动物的，应当向国务院野生动物保护主管部门申请特许猎捕证；需要猎捕国家二级保护野生动物的，应当向省、自治区、直辖市人民政府野生动物保护主管部门申请特许猎捕证。

仅仅因为个人爱好就想把国家保护野生动物关进“宠爱”的牢笼，不仅它们不愿意，法律也不允许哦。

豹猫

我不需要“铲屎官”

我是谁 WHO AM I

中文名：

豹猫

拉丁名：

Prionailurus bengalensis

英文名：

Leopard Cat

分类：

哺乳纲食肉目猫科豹猫属

国内主要分布范围：

除新疆没有记录外，全国其他地区均有分布

独特的斑纹，增添了我的魅力，但同时也给我招来了杀身之祸。早在几十年前，我还是国内能够被合法采集皮毛的亚洲猫科动物。我的很多同伴就因皮毛贸易而被猎杀。

一直到 1993 年，这种贸易才终结。

要区别我和家猫，并不困难。除了标志性的铜钱花纹，我的脸颊和下颚上有非常明显的白色花纹，尤其是从鼻子两侧延伸到两眼间的白色条纹，酷炫又好看。体型上，我和家猫差不多大，但我的腿更长，身材也更纤细。

我们叫起来的时候，声音差别比较大。

听，是不是非常不同呀。

作为野生猫科动物，我适应环境的能力还是很强的。

无论是在郁郁葱葱的热带雨林，还是干燥荒凉的高海拔混交林，都可以看见我灵动的身影。爬树，游水，自由自在。

就让我好好在大自然中奔跑和呼吸吧，我不需要以爱为名的“铲屎官”。

延伸阅读

除了豹猫，以下这些猫猫也是受到国家保护的，都不能拿来当宠物哦！如果看到有人贩卖或者饲养这些种类的猫猫，要及时劝阻并联系有关部门进行保护！

国家一级保护野生动物

荒漠猫

金　猫

丛林猫

国家二级保护野生动物

草原斑猫

渔　猫

兔　狲

猞　猁

云　猫

蜜袋鼯

森林里的"小飞侠"

我是谁 WHO AM I

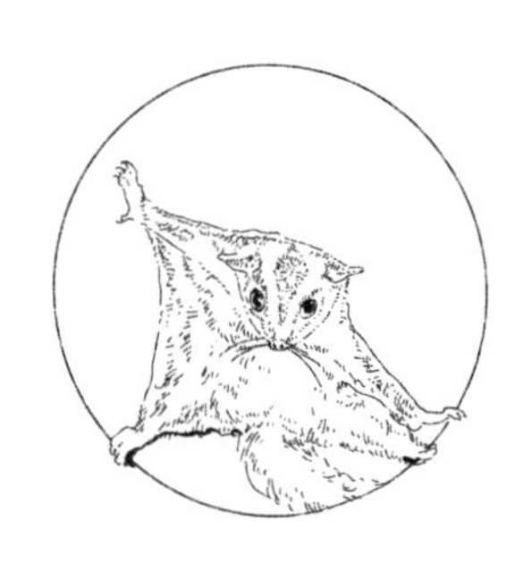

中文名：

蜜袋鼯

拉丁名：

Petaurus breviceps

英文名：

Sugar Glider

分类地位：

哺乳纲有袋目袋鼯科袋鼯属

原分布范围：

澳大利亚、印度尼西亚等

我的眼睛又大又圆，粉色的鼻子非常娇嫩，背上长长的黑斑更是让我显得与众不同。

我的身体两侧有宽大的滑行膜，一直从手关节延伸到脚踝，它就是我的“翅膀”，可以让我顺利飞起。

浓密的长尾巴，就是我的“方向盘”，可以帮助我控制滑翔的方向和距离。我最远能飞出50米呢。

我们蜜袋鼯喜欢在森林里自由地飞来飞去，还特别爱热闹，常常几十只成群结队地在同一块地盘上活动，就连睡觉也喜欢一大家子挨挨挤挤在一个树洞里。

我可是个小吃货。作为杂食动物，花蜜、花粉、树芽、树叶、各类昆虫，我都喜欢。大约需要三个篮球场面积大小的树林，才能让我吃饱。

杂食动物：既吃植物也吃动物，哺乳动物中有很多是杂食动物。

植食动物：菜单上基本是植物，包括植物的叶、种子和果实等。动物吃植物是自然界食物链的基础，也是食物链的基础环节，食物链的其他环节都有赖于这一环节的存在。

食肉动物：主要以其他动物为食。它们通常具有锐利的牙齿和爪子，用于捕捉和撕咬猎物。

延伸阅读

2018 年 6 月，厦门海关驻国际邮轮港办事处关员发现两名旅客试图通过非法手段把 94 只活体蜜袋鼯偷运入境。同年 9 月，厦门海关所属高崎机场海关发现两名旅客试图把 120 只外来物种活体蜜袋鼯偷运入境。

蜜袋鼯的繁殖能力和适应能力很强。如果随意放生或丢弃，并且在新环境中缺少天敌制约的话，它们很有可能泛滥成灾，成为外来入侵物种。

该如何区分外来物种和外来入侵物种呢？

根据《外来入侵物种管理办法》，外来物种是指在中华人民共和国境内无天然分布，经自然或人为途径传入的物种，包括该物种所有可能存活和繁殖的部分。当然，不是所有的外来物种都是有害的，比如美味的番茄、胡椒和玉米等，都是很久以前从国外引入种植的。

外来入侵物种是指传入定殖并对生态系统、生境、物种带来威胁或者危害，影响我国生态环境，损害农林牧渔业可持续发展和生物多样性的外来物种。后文要提到的巴西龟，就是典型的外来入侵物种。

绿鬣蜥

我是温柔的"怪兽"

我是谁 WHO AM I

中文名：

绿鬣蜥

拉丁名：

Iguana iguana

英文名：

Green Iguana

分类：

爬行纲有鳞目美洲鬣蜥科美洲鬣蜥属

原分布范围：

中南美洲

小时候的我，全身披着绿色的外衣，在阳光的照耀下，会发出炫目的光彩。

随着我年龄的增长，我的皮肤会慢慢变成浅黄色、浅蓝色、棕色等颜色。

我的性格很温顺，也不爱动。每天，我主要就干两件事：吃东西和晒太阳。

白天太阳出来后，我会慢吞吞地爬到树枝上，享受日光浴。

把身体晒暖后，我就会去找好吃的，动一动。吃饱之后，我又会爬到树枝上，继续晒太阳，因为要消化刚吃进去的食物，我需要足够高的温度。

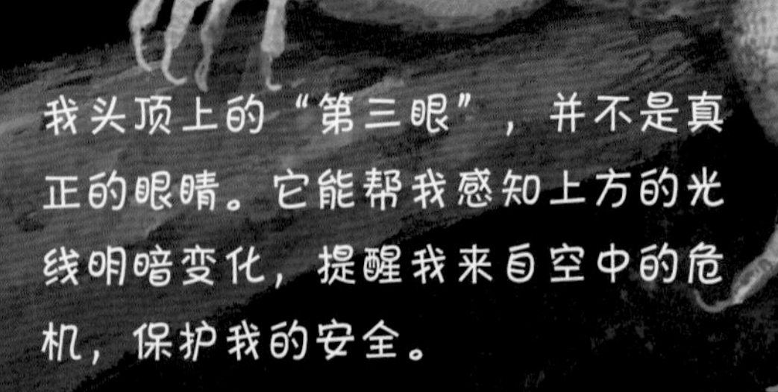

我头顶上的“第三眼”，并不是真正的眼睛。它能帮我感知上方的光线明暗变化，提醒我来自空中的危机，保护我的安全。

延伸阅读

国内一些爬宠爱好者会把性格温顺的绿鬣蜥当作宠物饲养。

但绿鬣蜥成年后，体格会变得很大，有些甚至能长到足足两米长，不再方便家养，于是就出现了很多弃养情况。

绿鬣蜥适应环境的能力很强，被弃养后，一旦适应当地新环境并开始大量繁殖，就容易成为危害当地生态平衡的入侵物种。

根据2021年4月15日起正式施行的《中华人民共和国生物安全法》，国家加强对外来物种入侵的防范和应对，保护生物多样性。国务院农业农村主管部门会同国务院其他有关部门制定外来入侵物种名录和管理办法。国务院有关部门根据职责分工，加强对外来入侵物种的调查、监测、预警、控制、评估、清除以及生态修复等工作。任何单位和个人未经批准，不得擅自引进、释放或者丢弃外来物种。

请还我水中的自由

墨西哥钝口螈

永远一张娃娃脸

我是谁 WHO AM I

中文名：

墨西哥钝口螈

拉丁名：

Ambystoma mexicanum

英文名：

Axolotl

分类：

两栖纲有尾目钝口螈科钝口螈属

原分布范围：

墨西哥

我的头上长了六个肉质的角，它们在水中常常会浮起来，好像羽毛一样。有人因此叫我“六角恐龙”。实际上，这六个“角”，是我的鳃，平均分布于头部两侧，每侧各三个。

我一直顶着一张娃娃脸，好像永远长不大。为什么我会永远保持一种幼态感呢？

因为我在由幼体发育到性成熟期间，并不会经历变态发育过程。那什么是变态发育呢？

它就是指有些动物在发育过程中，身体结构和生活习惯会出现非常明显的变化。比如青蛙的幼体在水中生活，用鳃呼吸，成年的青蛙用肺呼吸，皮肤是辅助呼吸器官，可以辅助肺进行呼吸。

不过，可别被我天真的外表迷惑了。除了繁殖期，我基本都独居。因为，如果周围有其他同类，我们就会打架，受伤在所难免。

我的野外种群大多是深色的。

呆萌粉嫩的外表，往往是人工繁殖的结果。

现在，我的野生的兄弟姐妹已经很少了。

我已经被世界自然保护联盟列为极度濒危物种。

延伸阅读

2022 年 11 月，广州海关所属广州白云机场海关关员根据风险布控指令，对一票申报为“观赏鱼”的出口货物进行监管时，发现部分“观赏鱼”外形独特，后经专业机构鉴定，确认这是一批违规出口的濒危水生动物，包括墨西哥钝口螈 9 只和鲟鱼 10 条。

墨西哥钝口螈及鲟形目所有种均被列入《濒危野生动植物种国际贸易公约》（CITES）进行保护。

我国是 CITES 缔约方，对列入该公约附录中的濒危野生动植物及其产品的进出口贸易实施管制。未合法取得国家相关管理部门核发的允许进出口证明书等材料，任何单位或个人不得擅自通过货运、邮递、快件和旅客携带等方式进出口濒危野生动植物及其制品，违法情节严重构成犯罪的将依法追究刑事责任。

玳瑁

我本应在海中游

我是谁 WHO AM I

中文名：

玳瑁

拉丁名：

Eretmochelys imbricata

英文名：

Hawksbill Turtle

分类：

爬行纲龟鳖目海龟科玳瑁属

原分布范围：

太平洋、印度洋、大西洋的热带、亚热带海域我的嘴巴形似“鹰嘴”，尖锐有力，可以轻松咬碎蟹壳，还能把藏在珊瑚缝隙中的小鱼小虾钓出来。

虽然我是杂食动物，但我的食谱主要是某些种类的海绵。有时候我也会抓一些鱼和甲壳类动物来吃。

这个“盾牌”，其实就是我身上的背甲，由十三块独立鳞片组成，呈覆瓦状排列，所以有人也叫我“十三鳞”。

我的背甲不仅质地坚硬，还有着明亮柔和的色泽与异常华丽的花纹。

人类很早就认识到了我的美，把我的背甲和珊瑚、珍珠等一起归入有机宝石。

我同胞的背甲被制成各种装饰品和收藏品。其昂贵的价格和巨大的利润，给我们带来了在世界范围内无休止被猎杀的风险。

目前我的种群已处于极危状态。

延伸阅读

玳瑁现在是国家一级野生保护动物，也被列入《濒危野生动植物种国际贸易公约》（CITES）附录Ⅰ。

该公约管制国际贸易的物种，将其归类为附录Ⅰ、Ⅱ、Ⅲ。附录Ⅰ列出了 CITES 所列动植物中濒危程度最高的物种。它们面临灭绝的威胁，CITES 禁止这些物种标本的国际贸易，除非进口目的不是商业目的，例如用于科学研究。特殊情况下，获得进口许可证和出口许可证（或再出口证书）授权的，可以进行贸易。

1982 年，世界自然保护联盟将玳瑁列入《濒危物种红色名录》；1996 年，对玳瑁的保护状态由“濒危”升级为“极危”。尽管很多国家出台了禁止捕杀玳瑁的法令，但由于买卖玳瑁存在暴利空间，偷猎、走私行为仍然存在，玳瑁的数量依然在下降。保护玳瑁，任重而道远。

在很久很久以前……

鹦鹉螺

5亿年前的明信片

我是谁 WHO AM I

中文名：

鹦鹉螺

拉丁名：

Nautilus spp. & *Allonautilus* spp.

英文名：

Nautiloid

分类：

头足纲鹦鹉螺目鹦鹉螺科鹦鹉螺属及异鹦鹉螺属

国内主要分布范围：

西沙群岛、海南岛等

我是现存最古老的头足纲动物之一。

多少年来，我的模样和习性都没有发生大的变化。

我这身螺旋外壳看上去像鹦鹉的嘴，所以得名“鹦鹉螺”。

我还拥有自然界独一无二的针孔眼，它可以帮助人类科学家研究眼的进化模式。

我的螺旋外壳是左右对称的。壳里有一个个独立的“小房间”。我就住在最外面的那间房，头和触角半伸在外面，用于捕食猎物、掌握方向等。每个“房间”都有一根体管相连。我通过体管来调节“房间”里气体的排放，在海洋中自由升降。

知识加油站

你知道吗，鹦鹉螺与看起来毫不相关的墨鱼、章鱼和乌贼，是亲戚哦！它们都属于头足纲，是头足类动物。这类动物的运动器官靠近头部，没有传统软体动物的足，而是靠触手来运动的。它们还有着无脊椎动物中最大的头和高级的神经系统，具备学习的本领，被认为是海洋中最聪明的无脊椎动物。

延伸阅读

鹦鹉螺在生物学进化中有很高的研究价值。它独特的身体构造也是人类灵感之源。

但是，因为稀缺性和螺壳的价值，在大量非法采捕下，鹦鹉螺成了濒危动物。

近年来，我国携带鹦鹉螺壳进出境的案件在不断增加。仅 2019 年 1—10 月，北京海关就从旅检渠道及快件渠道查获鹦鹉螺壳案件 21 起，共 25 件。

《国家重点保护野生动物名录》将鹦鹉螺列为国家一级保护动物，《濒危野生动植物种国际贸易公约》（CITES）将其列入附录Ⅱ。鹦鹉螺壳也是受国家保护的濒危动物制品哦。

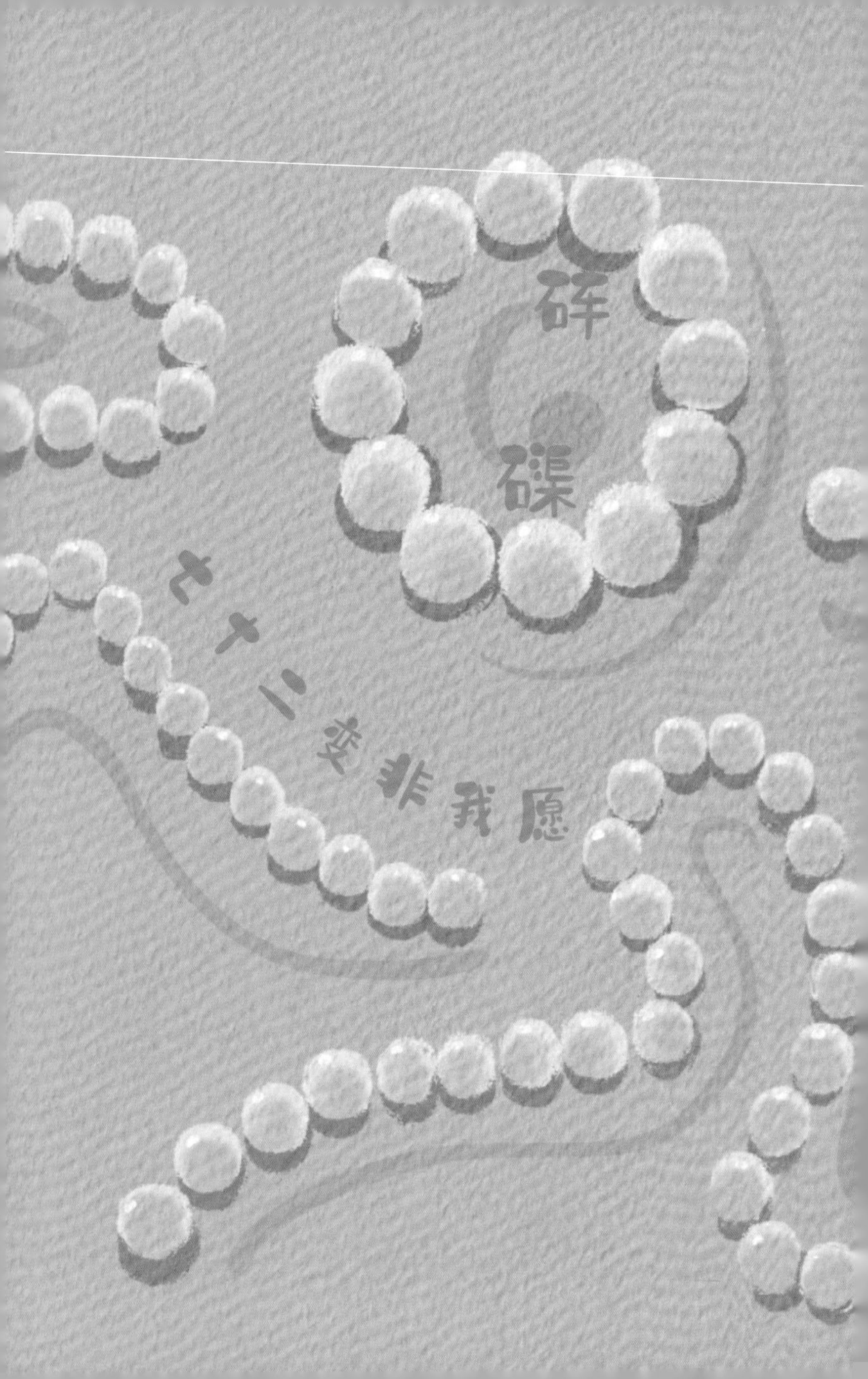
碎碟
七十二变非我愿

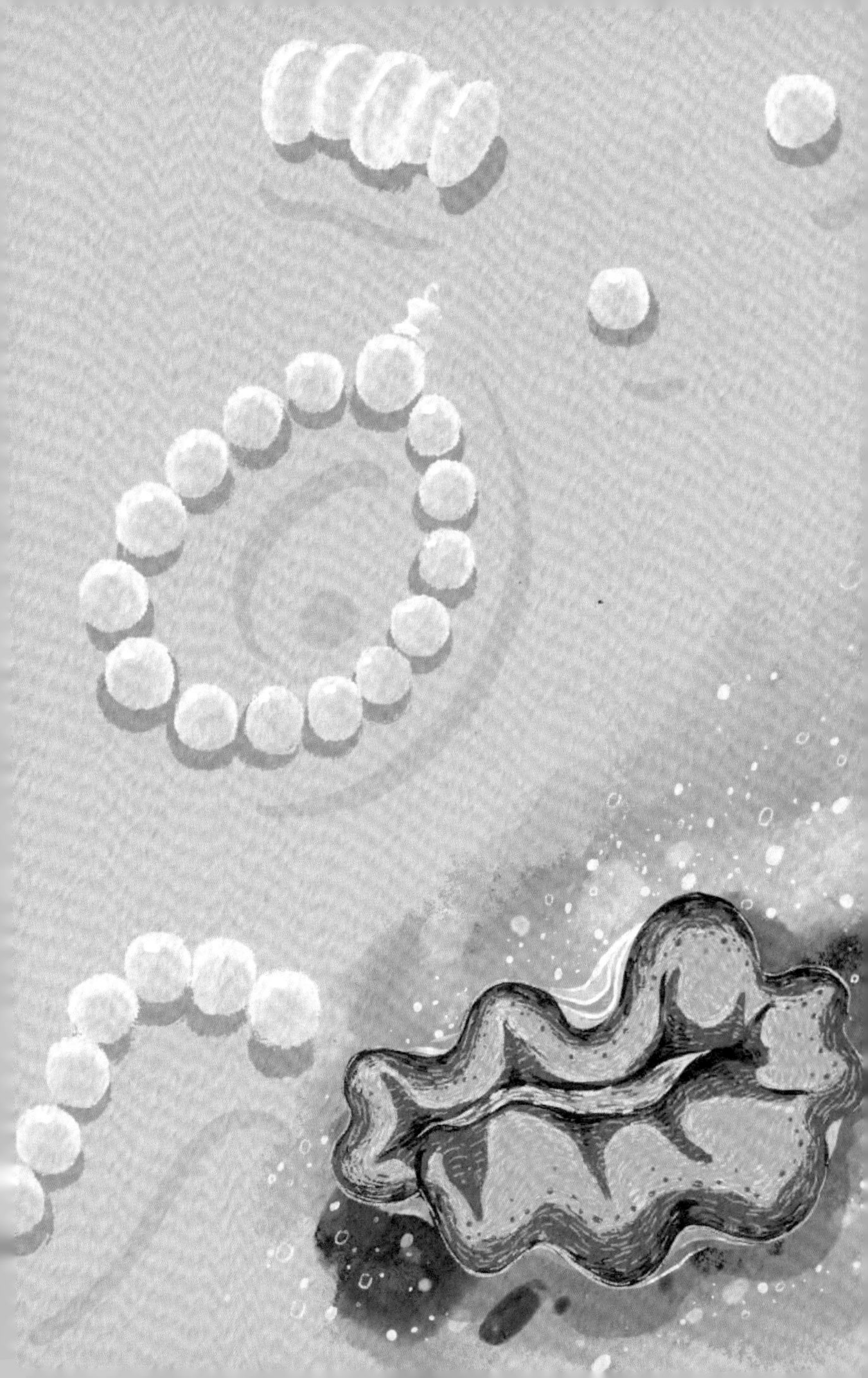

我是谁 WHO AM I

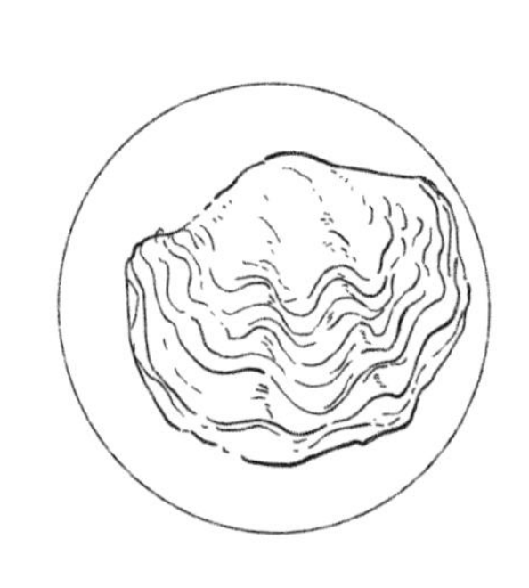

中文名：

砗磲

拉丁名：

Tridacna spp. & *Hippopus* spp.

英文名：

Giant Clam

分类：

双壳纲帘蛤目砗磲科砗磲属及砗蚝属

国内主要分布范围：

西沙群岛、海南岛等

我的外壳表面有四五道沟槽，呈放射状，看上去像古代马车经过泥泞道路后留下的“车痕”(“车痕”也称“车渠”)，因此得名车渠。

加之我的外壳坚硬如石头，人们便在“车渠”二字旁各加了一个“石”字，砗磲的写法由此而来。

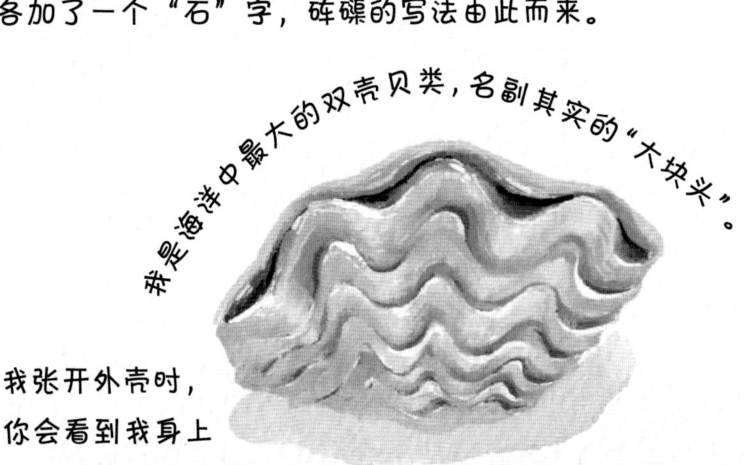

我张开外壳时，
你会看到我身上
色彩艳丽的外套膜，孔雀蓝、粉红、翠绿、棕红等，还常有各色花纹，因此，我得一美名“海中玫瑰”。

我的外套膜内还生活着一种叫虫黄藻的海藻。在虫黄藻光合作用的帮助下，我只需要阳光就能乐滋滋地活下去，所以也有科学家叫我“光合动物”。

我和珊瑚虫是邻居。我也是珊瑚礁的基石和卫士，更是珊瑚礁生态系统中最重要的生物物种之一。

我大而厚的贝壳不仅可以帮助造礁和护礁，还为其他海洋小动物提供了保护所和居住地。

延伸阅读

2021 年，我国将大砗磲列为国家一级保护野生动物，将鳞砗磲、无鳞砗磲、长砗磲、番红砗磲和砗蚝的野外种群列为国家二级保护野生动物。

按照规定，未合法取得国家相关管理部门核发的允许进出口证明书等材料并按规定办理海关手续的，任何单位或个人不得擅自通过货运、邮递、快件和旅客携带等方式进口濒危野生动植物及其制品，违法情节严重构成犯罪的将依法追究刑事责任。

根据《中华人民共和国刑法》，非法猎捕、杀害国家重点保护的珍贵、濒危野生动物的，或者非法收购、运输、出售国家重点保护的珍贵、濒危野生动物及其制品的，处五年以下有期徒刑或者拘役，并处罚金；情节严重的，处五年以上十年以下有期徒刑，并处罚金；情节特别严重的，处十年以上有期徒刑，并处罚金或者没收财产。

天空才是我的归宿

蓝鸟翼凤蝶

当天空遇见海洋

我是谁 WHO AM I

中文名：

蓝鸟翼凤蝶

拉丁名：

Ornithoptera priamus urvillianus

英文名：

D'Urville's Birdwing

分类地位：

昆虫纲鳞翅目凤蝶科鸟翼凤蝶属

原分布范围：

大洋洲

我来自鸟翼凤蝶家族，我们家族的成员个个都是蝴蝶界的大个头。

我们被叫“鸟翼”，是因为体型巨大，还像小鸟一样有着尖尖的翅膀，也喜欢在高树树顶盘旋。

目前世界上最大的蝴蝶亚历山德拉鸟翼凤蝶，就是我们的亲戚。

我们的雄性成员色彩华丽，大多身披黑蓝色天鹅绒外衣。

而雌性成员的外衣就低调很多，主要是朴素的褐色加白色。

一只蝴蝶的蜕变

一开始，我还是圆形或椭圆形的卵。
后来，慢慢孵化为幼虫。
幼虫每天吃大量的植物叶子，慢慢成蛹。
最后，就是我破茧成蝶的时刻。
1
2
3
4
5
6
7

延伸阅读

2022 年 7 月，北京海关截获一批境外邮寄蓝鸟翼凤蝶标本，数量高达 44 枚。作为受保护物种，蓝鸟翼凤蝶已多次被我国海关截获。

蓝鸟翼凤蝶属于鸟翼凤蝶家族。

鸟翼凤蝶原本无忧无虑地生活在大洋洲，自然天敌很少。但最终它还是没有躲过人类的贪婪，因其收藏价值高而遭到大量捕捉和贩卖，数量急剧减少，如今也成为濒危物种，被列入《濒危野生动植物种国际贸易公约》（CITES）附录 II。

非洲灰鹦鹉

重感情的"语言专家"

我是谁 WHO AM I

中文名：

非洲灰鹦鹉

拉丁名：

Psittacus erithacus

英文名：

Grey Parrot

分类：

鸟纲鹦形目鹦鹉科非洲灰鹦鹉属

原分布范围：

非洲中部、西部

我叫非洲灰鹦鹉，

身披美丽灰大衣；

尾羽红红最艳丽，

感情从来很专一；

果实昆虫是我爱，

外语口技随便来；

智商很高情更重，

伙伴成群才开心。

我们非洲灰鹦鹉家族的明星成员ALEX，在人类的训练下，懂得了150个英文单词的意思，还能够叫出50种物体的英文名字，并用英文描述它们的形状、颜色及组成物质。

连连看

我们热爱自由，喜欢和家人、朋友们一起生活。

但因为我的聪明和热情，很多人把我当成宠物养在笼子里。

被禁锢的孤独是我痛苦的源头。

由于难以适应圈养生活，我会患上严重的心理疾病，甚至会通过拔毛自残的方式来缓解内心的痛苦。

延伸阅读

2023 年 8 月，位于珠海的拱北海关在拱北口岸截获了 220 枚鹦鹉蛋，其中非洲灰鹦鹉蛋 176 枚、和尚鹦鹉蛋 30 枚、粉红凤头鹦鹉蛋 14 枚。这些鹦鹉都被列入《濒危野生动植物种国际贸易公约》（CITES）附录。该批鹦鹉蛋已依法移交至地方相关主管部门做进一步处理。

由于寿命长、智商高，能够模仿人类说话，非洲灰鹦鹉一直备受“异宠”市场的追捧。

它们的野外种群数量曾十分庞大，但如今已成为濒危物种。其中一个原因，是非洲灰鹦鹉已经成为全球非法交易量最大的野生鸟类之一。

金刚鹦鹉

挥着翅膀的调色盘

我是谁 WHO AM I

中文名：

金刚鹦鹉

拉丁名：

Psittacidae

英文名：

Macaws

分类：

鸟纲鹦形目鹦鹉科

原分布范围：

南美洲

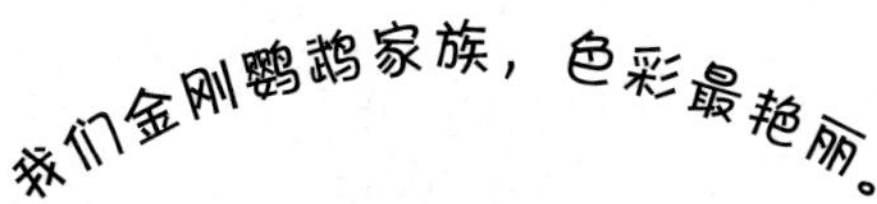

6个属17种家庭成员，各自身披不同的颜色，绿色、蓝色、黄色、白色、灰色等，飞在天空中，就好像打开了调色盘。

不论颜色如何多变，我这张镰刀一般的嘴始终强悍、尖锐。一些用锤子也砸不开的果实种皮，我用嘴轻轻松松就能剥开。

我这张镰刀嘴，还老是爱啄土。一个原因是黏土块中含有丰富的矿物质，可以补充我身体所需的一些微量元素。
另一个原因是，我吃的果实和花朵中，有些带有毒性。具有吸附性的黏土可以吸附我胃里的毒素，帮我解毒。

延伸阅读

我国可以合法饲养的鹦鹉有哪些？

目前，在我国可以合法饲养的家庭宠物鹦鹉只有3种，分别是虎皮鹦鹉、桃面牡丹鹦鹉和玄凤鹦鹉，并不包括任何一种金刚鹦鹉哦。

在国外饲养的鹦鹉，可以带回国吗？

根据《中华人民共和国禁止携带、寄递进境的动植物及其产品和其他检疫物名录》，禁止携带、寄递进境活动物（猫、犬除外），包括所有的哺乳动物、鸟类、鱼类、甲壳类、两栖类、爬行类、昆虫类和其他无脊椎动物，动物遗传物质。通过携带或寄递方式进境的动植物及其产品和其他检疫物，经国家有关行政主管部门审批许可，并具有输出国家或地区官方机构出具的检疫证书，不受此名录的限制。

猎隼

沙漠隐形"战斗机"

我是谁 WHO AM I

中文名：

猎隼

拉丁名：

Falco cherrug

英文名：

Saker Falcon

分类：

鸟纲隼形目隼科隼属

国内主要分布范围：

内蒙古、新疆、四川等

人们常常分不出我和鹰。

其实我们有两个很容易辨识出来的差别。

一个是翅膀的形状不同。我的翅膀较尖，末端平整，翼指不明显；而鹰的翅膀普通较宽圆，末端的翼指非常明显。

另一个差别是，我有齿突，而大部分鹰没有。

锁定捕猎目标后，

第一步，我先占领制高点；

我是捕猎高手，主要吃中小型鸟类、野兔和鼠类动物。

锋利的双爪和极快的速度，是我捕猎的秘密武器和强大优势。

第二步，向猎物俯冲过去，

速度可达每秒近百米；

第三步，用双爪抓住猎物，成功捕获。

延伸阅读

中东一些国家有饲养猛禽作为宠物的传统。

猎隼身姿矫健、外表俊俏，捕猎技巧娴熟，在当地备受青睐。在这种文化的影响下，当地人对猎隼的需求很大，猎隼价格极高。

猎隼是我国国家一级保护野生动物，但面对巨大的利益诱惑，有些人无视法律，盗猎、走私猎隼，让猎隼成为海关的重要保护对象。

红其拉甫海关关员曾在一年内抓获30多个偷猎者，保护了约600只猎隼免受“宠爱”之苦。

我们要拒绝任何关于猎隼的“异宠”交易，不购买、不捕捉、不饲养，遇到受伤或者被豢养的猎隼，要及时通知救助中心，与海关一起，保护好那些天空中的骄傲身影。

云雀

在云端画出音符

我是谁 WHO AM I

中文名：

云雀

拉丁名：

Alauda arvensis

英文名：

Sky Lark

分类：

鸟纲雀形目百灵科云雀属

国内主要分布范围：

黑龙江、吉林、内蒙古、河北和新疆等

我爱歌唱。

我的歌声常常伴着我直冲云霄，
所以我还有个名字，叫“告天鸟”。

英国著名诗人雪莱在著名的《致云雀》一诗中，这样形容我：

你好啊，欢乐的精灵！
你似乎从不是飞禽，
从天堂或天堂的邻近，
以酣畅淋漓的乐音，
不事雕琢的艺术，
倾吐你的衷心。
向上，再向高处飞翔，
从地面你一跃而上，
像一片烈火的轻云，
掠过蔚蓝的天心，
永远歌唱着飞翔，
飞翔着歌唱。
……

除了和同伴一起欢乐地歌唱，我们还会用羽冠来“交流”。

受到惊吓或生气的时候，我们的羽冠会竖起来，以此发泄内心的小情绪，或展现攻击性。

延伸阅读

云雀曾经是民间比较常见的笼养鸟。

由于人工驯养和繁殖技术并不成熟，目前市场上的笼养云雀几乎都来自野外，这对野外种群造成了较大威胁。

根据2021年版的《国家重点保护野生动物名录》，云雀现在是国家二级野生保护动物。这是为了从执法层面来限制盗猎行为。

除了云雀，画眉、蒙古百灵、鹩哥、北朱雀等其他常见的笼养鸟也都被列入这版名录。

环境“杀手”？

非我所愿

它来了！
快躲！

巴西龟

我的老家在北美

我是谁 WHO AM I

中文名：

巴西龟（红耳彩龟）

拉丁名：

Trachemys scripta elegans

英文名：

Red-eared Turtle

分类：

爬行纲龟鳖目泽龟科彩龟属

原分布范围：

北美洲

我的眼睛后面有一道红色条纹，而我的耳朵是内耳，就藏在这个地方，因此得名“红耳彩龟”。

红色条纹会随着我年龄的增加而变深，配上头颈侧黄绿相镶的花纹，美丽程度直接升级。

作为超活泼的淡水龟，我还有着强有力的四肢和发达的蹼。

大家都叫我巴西龟，但是，我的老家并不在位于南美洲的巴西，而是在北美洲密西西比河流域。

我的繁殖能力和环境适应力都特别强，足迹已经从老家北美跨越到了全世界，对很多地区的生态造成了破坏性影响。我现在是世界公认的“生态杀手”，已经被世界环境保护组织列为最具破坏性的物种之一。

延伸阅读

巴西龟为何成了外来入侵物种？

适应能力强：巴西龟能在多种水体环境中生存，包括河流、湖泊、池塘，甚至是城市的人工水体。

食性广泛：巴西龟是杂食动物，这种广泛的食性使得它们在新环境中很容易找到食物。

繁殖能力强：巴西龟有较高的繁殖率，每年产卵最高可达数十枚，这使得它们在新的环境中可以迅速建立起稳定的种群。

缺乏天敌：在非原生地区，巴西龟往往缺乏天敌，这大大提高了它们在新环境中的生存率。

威胁本土物种：巴西龟不仅会抢占本土龟的食物和生存空间，还擅长挑战跨种族“恋爱”，和本土龟杂交。但这些“混血”小龟，有相当数量没有生育能力，这无疑会加剧各地本土龟种群衰减的速度。

鳄雀鳝
冷酷的“淡水杀手”

我是谁 WHO AM I

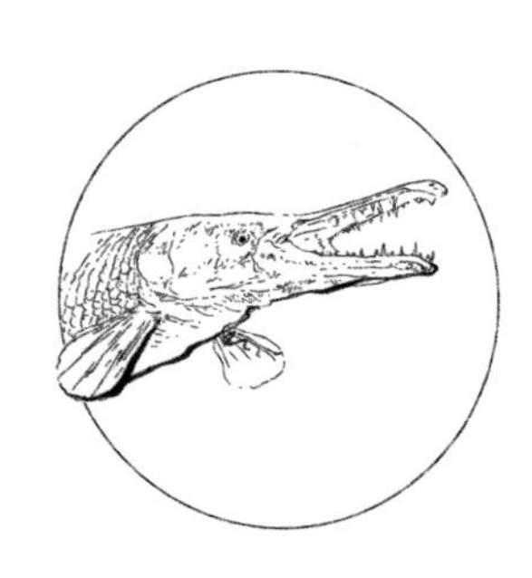

中文名：

鳄雀鳝

拉丁名：

Atractosteus spatula

英文名：

Alligator Gar

分类：

辐鳍鱼纲雀鳝目雀鳝科大雀鳝属

原分布范围：

北美洲

广西桂平市农业农村局在西山风景区莲池内发现有“怪鱼”出没。

河南、云南、广东、四川、江苏等地，先后报道发现“怪鱼”。

而且，在“怪鱼”出现的地方，别的鱼虾往往都不见了。

河南省汝州市城市公园管理方为抓捕“怪鱼”，甚至耗时一个月抽干了近30万立方米的湖水。

……

“怪鱼”究竟是什么？又从哪里来呢？

嘿嘿～这些“怪鱼”当然就是本鱼鳄雀鳝啦。虽然江湖上一直有我的传说，但都只闻我名，不见我身。

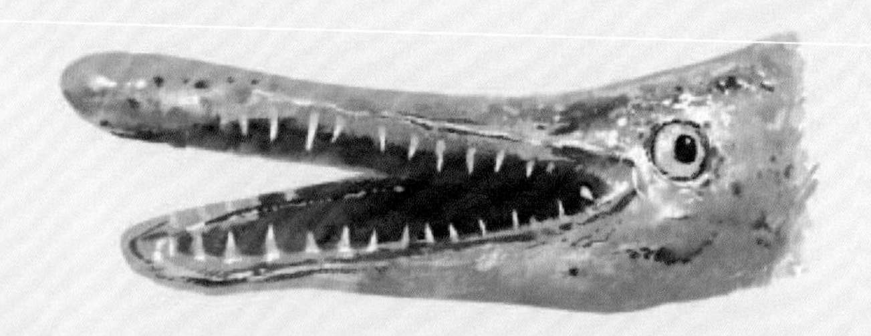

我长了一嘴锋利的牙齿，口尖似鳄鱼，所以得名“鳄雀鳝”。

我才是鳄鱼。

我不仅有着可怕的尖牙，身上菱形的鱼鳞还组成了坚硬的盔甲，给予我全方位的保护。强大的尾鳍更是大大增强了我的战斗力，让我在进攻时更有力量。

我的食量惊人，能吞下几乎有体重四分之一重量的食物。长大后，一天吃个几十斤活物也不在话下，人送外号“淡水杀手”。

延伸阅读

或许你们不知道，鳄雀鳝早年可是被包装成“福鳄”，作为观赏鱼引进来的。

它生性凶猛，在我国缺乏天敌，而且还有着惊人的繁殖力。每年到了繁殖季节，一只雌性鳄雀鳝能产下几万甚至十几万枚鱼卵。这些鱼卵在合适的条件下会迅速孵化生长，危害本土鱼类。

而这些危害都是人造成的，如果不是人们擅自饲养鳄雀鳝作为“异宠”，又把它们丢弃或放生，鳄雀鳝还好好地待在北美老家，又怎么来我们这儿“为非作歹”呢？

《中华人民共和国野生动物保护法》中明确规定，任何组织和个人将野生动物放生至野外环境，应当选择适合放生地野外生存的当地物种，不得干扰当地居民的正常生活、生产，避免对生态系统造成危害。具体办法由国务院野生动物保护主管部门制定。随意放生野生动物，造成他人人身、财产损害或者危害生态系统的，依法承担法律责任。

非洲大蜗牛

慢吞吞的“田园杀手”

我是谁 WHO AM I

中文名：

非洲大蜗牛

拉丁名：

Lissachatina fulica

英文名：

Giant African Land Snail

分类：

腹足纲柄眼目玛瑙螺科玛瑙螺属

原分布范围：

非洲东部

我来自非洲，是个大个头。有多大呢？一般可以长到 20 厘米，比好多人的拳头都大。还有人叫我褐云玛瑙螺，因为我黄黄的壳面上有漂亮的棕褐色条纹，看上去有点像玛瑙。

在人类的“助力”下，我背着这身“不动产”，搭便车环游世界。

我比较能吃，而且不挑食。很多农作物被我咬断后，生长发育会受到影响，进而引起严重的经济损失。人类因此叫我“田园杀手”。

人类媒体还总是警告他们的同类，在野外看到我时，千万别随意触碰。

这是因为在我的身体、黏液以及粪便里，都带有会伤害到人类健康的病原体或者寄生虫。哪怕轻轻用手摸一下我，人都可能会把疾病带回家。

其实不用直接摸我，我爬过的蔬菜和水果，也都可能残留这些对人类来说比较危险的微生物。

延伸阅读

根据《中华人民共和国生物安全法》，农业农村部会同自然资源部、生态环境部、住房和城乡建设部、海关总署和国家林草局组织制定了《重点管理外来入侵物种名录》，自 2023 年 1 月 1 日起施行。

该名录中，将外来入侵物种分为 8 个类群，即植物、昆虫、植物病原微生物、植物病原线虫、软体动物、鱼类、两栖动物和爬行动物。

其中，软体动物类群中，包括了本篇主角非洲大蜗牛，还有福寿螺。鱼类类群中，包括了前文提到的鳄雀鳝，还有豹纹翼甲鲶和齐氏罗非鱼。爬行动物类群中，包括了前文提到的红耳彩龟（巴西龟），还有大鳄龟。

参考资料

《口岸寄递渠道截获“异宠”分析》，曾潇等，《中南农业科技》，2023 年。

《国家林业和草原局 农业农村部公告（2021 年第 3 号）（国家重点保护野生动物名录）》，国家林业和草原局 国家公园管理局网站。

《砗磲的价值及其相关制品的初筛鉴定》，陆冠亚等，《中国口岸科学技术》，2023 年。

《不止“怪鱼”鳄雀鳝！——民盟陕西省委会呼吁警惕外来物种入侵造成的危害》，路强，《人民政协报》，2022 年。

《蜜袋鼯：澳洲森林中的小飞侠》，秦彧，《科学大众（小学版）》，2017 年。

《玳瑁：背负宝石的鹰嘴海龟》，马晓惠，《百科探秘（海底世界）》，2020 年。

《自然 | 野生动物为了自保有多努力？“猴中树懒”全身都有毒》，中国科普网，2021 年。

《牢记重托 感恩奋进 当好让党放心让人民满意的国门卫士——习近平总书记给红其拉甫海关全体关员的重要回信在全国海关凝聚磅礴奋进力量》，海关总署网站，2023 年。

《动物凶猛！阻击“咬人水怪”鳄雀鳝》，张蕊，《每日经济新闻》，2022 年。

《海关发布：海关科普 | “异宠”入境，海关的监管要求》，海关总署网站，2023 年。

《外来入侵物种防控部际协调机制办公室负责人就加强外来入侵物种防控答记者问》，中华人民共和国中央人民政府网站，2022 年。

《重点管理外来入侵物种名录（2023 年 1 月 1 日起施行）》，海口海关网站，2023 年。

《北京海关严查旅客及快件携带鹦鹉螺壳进出境》，中华人民共和国中央人民政府网站，2019 年。

《北京海关首次查获境外邮寄蓝鸟翼凤蝶标本》，光明网，2022 年。

《拱北海关查获 220 枚鹦鹉蛋 涉濒危物种》，新华网，2023 年。

《广州海关查获“六角恐龙”和“水中活化石”》，光明网，2022 年。

《鳄雀鳝：来自美洲的“入侵”怪鱼》，程醉，《农村青少年科学探究》，2022 年。

《“动物都是科学家”系列三十 鹦鹉螺：我也懂“斐波那契数列”》，马睿棋，《科学大众（小学版）》，2023 年。

《海洋“活化石”——鹦鹉螺》，嘉重，《学与玩》，2023 年。

《有“口袋”的妈妈》，《科学大观园》，2022 年。

《让美丽活着》，澜涛，《青年科学》，2008 年。

《常见笼养鸟升级为国家重点保护动物》，刁凡超、邓玥，《中学生阅读（初中版）》，2021年。

《非法狩猎，判刑加赔偿》，乐雯，《环境》，2021年。

《“放”出来的“入侵者”》，韩爱青，《天津日报》，2023年。

《生态杀手——巴西龟》，顾丽华，《环境与发展》，2018年。

《可爱又奇特的墨西哥钝口螈》，王雪怡，《英语画刊（高中版）》，2023年。

《墨西哥钝口螈的再生能力，人类能学习吗？》，张秀娟、张志超，《南方日报》，2022年。

《从巴西龟看入侵物种放生问题》，木辛，《环境教育》，2016年。

《温柔的怪兽》，姜峻，《少年文艺（中旬版）》，2015年。

《里约热内卢最后一只野生金刚鹦鹉的悲伤故事》，胡志涵，《英语画刊（高中版）》，2021年。

《土的味道好极了》，《红领巾（探索）》，2023年。

《非洲大蜗牛的分布、传播、危害及防治现状》，游意，《广西农学报》，2016年。

《非洲大蜗牛在中国的研究现状及展望》，郭靖、章家恩等，《南方农业学报》，2015年。

《砗磲人工繁育、资源恢复与南海岛礁生态牧场建设》，喻子牛，《科技促进发展》，2020年。